INSTRUCTION DÉTAILLÉE POUR PORTER LES LUNETTES

DE

TOUTES LES DIFFÉRENTES ESPECES AU PLUS HAUT DEGRÉ DE PERFECTION DONT ELLES SONT SUSCEPTIBLES

TIRÉE DE LA

THÉORIE DIOPTRIQUE

DE MR. EULER LE PERE

ET

MISE A LA PORTÉE DE TOUS LES OUVRIERS EN CE GENRE

PAR

MR. NICOLAS FUSS.

AVEC

LA DESCRIPTION D'UN MICROSCOPE QUI PEUT PASSER POUR LE PLUS PARFAIT DANS SON ESPÈCE ET QUI EST PROPRE À PRODUIRE TOUS LES GROSSISSEMENS QU'ON VOUDRA.

A St. PETERSBOURG,
De l'Imprimerie de l'Académie Imp. des Sciences.
1774.

AVERTISSEMENT.

de

Mr. L. EULER.

Après la découverte des lunettes on s'est bientôt aperçû, que plus on veut grossir la répréसentation des objets plus on doit alonger les lunettes, & on a même établi comme une regle générale, que la longueur des lunettes doit suivre la raison quarrée du grossissement: de sorte qu'un grossissement double démandoit une lunette quatre fois plus longue, un grossissement triple, neuf fois plus longue, & ainsi de suite; donc, puisqu'un grossissement de cent fois en diamètre exigeoit une lunette de trente pieds environ: pour grossir deux cens fois, on crût être obligé de faire des lunettes de six vingt pieds; & pour grossir trois cens fois, de 270; & l'on voit en effet, que les plus célébres Astronômes ſe ſont ſervi autre fois des lunettes d'une longueur prodigieuſe: le grand Huyghens *parle même d'une telle lunette de cinq cens pieds qu'il avoit exécutée.*

Or on comprend aiſément, qu'il a été prèsqu' impoſſible de ſe ſervir de machines ſi lourdes, pour faire des obſervations céléſtes, & de pourſuivre les étoiles dans leur courſe. Auſſi s'en faut il beaucoup, qu'à l'aîde de ces inſtrumens les Aſtronômes ayent été en état de faire dans le ciel les découvertes, qu'on s'étoit promiſes par un groſſiſſement ſi conſidérable; vû que par une lunette qui groſſiroit les objets deux cens fois en diamètre, la lune dévroit paroître occuper plus de la moitié du ciel viſible, d'où l'on auroit dû ſe promettre les découvertes les plus importantes.

Cependant on s'eſt apperçû, que l'effet répondoit fort mal à l'eſpoir dont on s'étoit flatté; vû que la répréſentation des objets tant de fois multipliés dévenoit de plus en plus confuſe, & tellement troublée par l'apparence des couleurs d'Iris, qu'on n'en pouvoit prèsque rien diſtinguer. Le grand Newton *a auſſi découvert le premier la cauſe de*

ce

ce funeste défaut, qui étoit une suite nécessaire de la différente réfraction, que les rayons de lumière souffrent en passant par différens milieux transparens, à cause de la diversité de leurs couleurs: & il crût ce défaut absolument inséparable de tous les instrumens dioptriques, où l'on a récours à la réfraction des rayons.

C'est cette même considération, qui a conduit ce grand Géomètre à la découverte des instrumens catoptriques, connus sous le nom de télescopes, & perfectionnés d'avantage dépuis par les soins de feu Mr. Gregory. *Dépuis ce tems les longues lunettes dont nous avons parlé, sont prèsqu' entièrement déchües; & tous les Astronômes ont introduit l'usage de ces télescopes, dans les observations célèstes, avec un assés bon succès. Mais outre que la construction de ces instrumens démandoit la plus grande adresse, ce qui les rendoit excessivement chers, sur tout quand il s'agissoit de très grands grossissemens, ils n'étoient pas exempts de quelques défauts considérables, dont le principal étoit le trop petit dégré de clarté, sous lequel ils réprésentoient les ob-*

jets: défaut qui dévenoit d'autant plus grand, plus on vouloit augmenter le grossissement; l'autre défaut étoit le trop petit champ apparent qu'ils découvroient à la fois, ce qui en rendoit l'usage extrémement incommode; mais sur tout les miroirs métalliques, qui constituent la partie principale de ces instrumens, sont trop sujets à perdre bientôt leurs politure, ce qui les rend entièrement inutiles.

Il ne paroît pas qu'on ait été assés heureux de rémédier à tous ces défauts; cependant on démeuroit entièrement persuadé, qu'il étoit absolument impossible, de porter les lunettes dioptriques à un plus haut dégré de perfection, pour qu'on les pût introduire de nouveau dans l'Astronômie à la place des télescopes: & on se vantoit même d'une démonstration de feu Mr. Newton, *par laquelle il avoit prouvé, qu'il étoit absolument impossible, de garantir de l'inconvénient de la différente réfrangibilité des rayons tous les instrumens dioptriques.*

Il y a environ trente ans, que je me suis appliqué à approfondir les vrais principes de la dioptrique, & après avoir examiné la prétendüe démonstration Newtonienne, j'ai trouvé, vé, qu'elle étoit fondée sur quelques hypothèses extrêmement douteuses, ce qui m'a confirmé dans l'idée, qu'il ne faudroit pas tout à fait rénoncer à l'espérance de porter les lunettes à un plus haut dégré de perfection.

Quelques expériences faites sur des menisques, dont on pouvoit remplir la cavité de différentes liqueurs, m'ont parû prouver, que le mauvais effet de la différente réfrangibilité des rayons pourroit bien être diminué, & peut être réduit à rien, en emploïant deux au plusieurs différentes matières transparentes; mais ce qui m'en a entièrement convaincu, c'est la merveilleuse structure des tous les yeux, qui réprésentent sur leurs fonds, les images de tous les objets, dans la plus grande perfection, sans qu'on y puisse rémarquer la moindre confusion, qui dévroit être causée par la différente réfraction des rayons de lumière, si la démonstration prétenduë étoit fondée. C'est ici sans doute qu'il faut réconnoître la puissance du CREATEUR *autant que sa sagesse infinie.*

C'est sur cette preuve que j'ai hardiment soutenû, qu'en emploïant différens milieux transparens, il seroit très possible de di-

diminuer, & de réduire même à rien, tous les défauts aux quels la différente réfraction des rayons parut alors nécessairement assujettie.

Ce sentiment fut bientôt attaqué, avec beaucoup de chaleur, par feu Mr. Dollond, *qui soutint encore longtems, que la démonstration rapportée du grand* Newton *étoit très solidement fondée, & ne sauroit souffrir la moindre exception. Pour appuyer son opinion, il s'est avisé de faire plusieures experiences, sur la réfraction de différentes matières transparentes, & principalement sur les différentes espèces de verre; or ces experiences ont si bien réüssi que mon sentiment en a été entièrement confirmé, & que* Mr. Dollond *a été obligé des réconnoître son erreur. C'est sans doute une des plus importantes découvertes, vû qu'elle a déterminé cet habile Artiste, à travailler avec le plus grand empressement à la perfection des lunettes ordinaires; & il y a si bien réüssi, qu'après un grand nombre d'essais inutiles, il a produit des lunettes, qui ont mérité d'abord l'admiration de tout le monde; & par son application infatigable il les a enfin portées à un si haut dégré de perfection, qu'on les a géné-*

généralement préférées aux télescopes catoptriques.

Cependant Mr. Dollond *a avoué lui même, que ce n'étoit qu'en tâtonnant, qu'il étoit arrivé à cette découverte; d'où l'on doit d'abord conclure, qu'il est très possible de porter encore plus loin cette perfection, & c'est sans doute une bonne Théorie, qui nous y doit conduire. J'ai lieu de me flatter, que j'y ai si bien réüssi dans mon ouvrage sur la dioptrique, qu'on sera en état, de porter la construction de ces instrumens même au plus haut dégré de perfection, dont ils sont susceptibles.*

Mais comme les regles qu'on doit observer dans ces traveaux, y sont enveloppées dans des formules algébriques, de sorte, que les ouvriers n'en sauroient profiter, j'en présente ici le résultât dans une forme entièrement dégagée de la Théorie, uniquement pour l'usage de la pratique. On verra par là suffisamment, que les lunettes de Dollond *connües sous le nom d'Achromatiques, peuvent être portées à un beaucoup plus haut dégré de perfection, & qu'ainsi l'on a lieu de se promettre les plus importantes découvertes dans l'Astronômie.*

Car

Car si l'on pouvoit réüssir à exécuter par exemple une lunette de 7 pieds, qui grossit les objets trois cens fois en diamètre, & cela d'une manière très nette & distincte, on ne manqueroit pas de découvrir au ciel des merveilles, qui surpasseront sans doute tout ce qu'on a pû soupçonner jusqu'ici. Et supposé qu'il fût trop difficile d'atteindre dans la pratique ce plus haut dégré de perfection, on n'auroit qu'à en doubler les mésures, comme nous l'expliquerons ci-dessous, & on auroit une lunette de quatorze pieds qui produiroit ce même effet surprennant. On verra aussi qu'il est possible de faire des lunettes très courtes, qui produisent un grossissement assés considérable; ce qui pourra étre très utile pour la navigation. Car si par une lunette d'un pied environ nous pouvons découvrir les satellites de Jupiter, & en observer exactement les eclipses, il semble que ce seroit le moyen le plus aîsé pour découvrir la longitude en mer.

ART. I.

ARTICLE I.

Des verres objectifs, délivrés de toute confusion.

Ces objectifs sont composés de deux espèces de verre, dont l'une qui est verdâtre est nommée en Angleterre *Crown-Glass*, l'autre est blanche & nommee en Angleterre *Flint-Glass*; la réfraction de la première espèce se fait selon la proportion 153 à 100, & de l'autre selon la proportion de 158 à 100. Or par rapport à la dispersion des différens rayons nous suivrons ici la proportion de deux à trois, que *Mr. Dollond* a établi par plusieures expériences; pour distinguer dans la suite ces deux espèces de verre nous marquerons la première par le signe Cr. & l'autre par celui Fl. Puisqu'il s'agit des objectifs, on régarde les objets comme fort éloignés, on mésure dans une chambre obscure la distance, à laquelle les images des objets sont réprésentées, & c'est là la distance focale de l'objectif; donc si l'objectif est délivré de toute confusion, il faut que les dites images soyent réprésentées dans la chambre obscure très distinctément, sans aucune confusion produite par la différente réfrangibilité des rayons.

Pour déterminer la quantité de tels objectifs, nous reglerons toutes les mésures sur la distance focale, que nous supposerons divisée en mille parties égales, d'où il sera fort aisé de les réduire en pieds ou en pouces, selon qu'on le jugera convenable. Après ces rémarques nous donnerons quelques dévis de tels verres objectifs délivrés de toute confusion, dont le premier n'est composé que de deux lentilles, & les deux autres de trois. Le dernier doit être régardé comme le plus parfait, puisqu'il est susceptible de la plus grande ouverture, ce qui est de la dernière importance dans la construction des lunettes, pour en diminuer la longueur autant qu'il est possible.

Pre-

Premier Dévis.

D'un verre objectif composé de deux lentilles.

La première de ces deux lentilles sera formée de *Crown-Glass* & convexe, l'autre de *Flint-Glass* & concave: or nous nommons la première, celle qui est tournée vers l'objet. Pour en exprimer donc toutes les mésures nous régarderons la distance focale comme donnée & divisée en mille parties égales, & ce sera en telles parties qu'on doit entendre les nombres suivans Tab. I. Fig. 1.

I°. La première lentille sera donc de Cr. également convexe des deux côtés, elle aura sa distance focale de 198, & le rayon de courbure de chaque face de 210.

II°. Dépuis le milieu de celle ci jusqu'au milieu de la seconde on mettra la distance de 17.

III°. La seconde lentille de Fl. doit être concave des deux côtés, sa distance focale négative étant de 444 & le

rayon de sa face { de dévant de 907
de derrière de 346

Cet objectif pourra bien admettre une ouverture dont le diamètre est 99 ou bien 100, & c'est là dessus qu'on doit fixer la grandeur de ces deux lentilles, qu'il faut toujours prendre un peu plus grandes que l'ouverture; mais plus on diminuera l'ouverture, plus on pourra être assuré d'un bon effet, quand même on se seroit écarté des mésures préscrites; mais alors aussi cet objectif ne pourra plus être employé à produire un aussi grand grossissement, que si l'on lui donnoit la plus grande ouverture, dont il est susceptible.

Second Dévis.

D'un verre objectif composé de trois lentilles.

Tab. I. Fig. 2. Cet objectif sera donc formé de trois lentilles, dont la première & la troisième sont de Cr. or la seconde de Fl. supposons donc la distance focale de cet objectif exprimée par 1000, & l'on doit régler la construction sur les mésures suivantes

I. La première lentille de Cr. est convexe, elle aura sa distance focale de 407, & le rayon de courbure

de sa face { de dévant de 637
de derrière de 326

II. Dépuis le milieu de celle ci jusqu'au milieu de la seconde, on fixera la distance de 23.

III. La seconde lentille de Fl. & concave, ayant sa distance focale négative de 271, doit être également concave des deux côtés, le rayon de chacune de ses faces étant de 314.

IV. Dépuis le milieu de cette lentille jusqu'au milieu de la troisième on fixera la distance de 23.

V. La troisième est encore de Cr. & également convexe des deux côtés, ayant sa distance focale de 486, & le rayon de chacune de ses faces de 515.

Ce

Cet objectif pourra souffrir une ouverture, dont le diamètre est 136. qui, étant plus grand que dans le cas précédent, il servira à produire des plus grands grossissemens; d'ailleurs la rémarque faite ci dessus est générale, que, plus on réstraint l'ouverture, plus on sera assuré d'un bon succès, non obstant les petites aberrations, qu'on aura commises dans l'exécution.

Troisième Dévis.

D'un verre objectif composé de trois lentilles.

Cet objectif peut passer pour le plus parfait dans son espèce, parce qu'il reçoit tant soit peu une plus grande ouverture, qui peut bien monter à 137, d'ailleurs il ne diffère pas beaucoup du précédent, sa première & troisième lentille étant de Cr. & celle du milieu de Fl. on suppose comme jusqu'ici sa distance focale divisée en mille parties, & les mésures pour la construction seront les suivantes Tab. I. Fig. 2.

I. La première lentille de Cr. est convexe, sa distance de foyer étant 445, & le

rayon de sa face { de dévant 850
de derrière de 327 }

II. Depuis le milieu de cette lentille jusqu'à celui de la seconde on fixera l'intervalle de 23.

III. La seconde étant de *Flint-Glass* & concave, aura sa distance focale négative de 272, & le rayon de l'une & de l'autre de ses faces de 315.

IV. Dépuis le milieu de celle ci jusqu'au milieu de la troisième, la distance sera de 23.

V. La troisième lentille est encore de Cr. & également convexe des deux côtés, ayant sa distance de foyer de 440, & le rayon de l'une & de l'autre face de 467.

Ces objectifs peuvent être employés, à porter les différentes espèces de lunettes au plus haut dégré de perfection, dont elles sont susceptibles, sans qu'on ait besoin de faire quelque changement dans leur construction, à cause de la confusion, que les verres oculaires pourroient produire.

On s'en peut aussi servir pour perfectionner les microscopes, en les exécutant sur les plus petites mésures qu'il soit possible, mais alors il en faut renverser l'arrangement des lentilles, en tournant la troisième vers l'objet, placé dans son foyer.

Pour mieux réussir dans la construction de ces objectifs, il sera bon de les enchasser dans une boëte, ensorte qu'on en puisse d'abord changer tant soit peu la distance entre les lentilles, pour découvrir par quelques expériences la meilleure disposition de ces verres entre-eux; car puisqu'il est présqu' impossible, d'exécuter toutes les mésures préscrites dans la pratique, un petit changement dans leur distance sera capable de rémédier à ce défaut.

ARTICLE II.

De la perfection des lunettes ordinaires à un verre oculaire concave, par le moyen de ces objectifs parfaits.

Quoique cette espèce de lunettes soit bornée à des petits grossissemens, & qu'elle ne sauroit passer quelques pouces en longueur, à cause du petit champ qu'elle découvre, il n'y a aucun doute, qu'en y emploïant un objectif tel que nous venons de décrire au lieu de l'ordinaire, ces lunettes ne puissent être portées à un beaucoup plus haut dégré de perfection; cependant il sera toujours impossible de les délivrer entiérement de toutes les couleurs d'Iris, causées par le verre oculaire.

L'emploi de ces verres est aussi le plus aisé dans la pratique; car ayant bien exécuté un tel objectif, qui puisse soufrir la plus grande ouverture, que nous avons assignée, on n'a qu'à y ajouter un oculaire concave, dont la distance focale négative soit d'un quart de pouce, & alors la lunette grossira quatre fois autant, que la distance focale de l'objectif contiendra de pouces; or cela se doit entendre

tendre des deux derniers objectifs composés de trois lentilles; si l'on vouloit emploïer le premier, composé de deux, on n'y sauroit joindre qu'un oculaire de $\frac{3}{8}$ de pouce, & alors la distance focale de cet objectif divisée par $\frac{3}{8}$ de pouce donneroit le grossissement. D'ailleurs on sait, que dans cette espèce de lunettes on doit appliquer l'oeil immediatément à l'oculaire. Quand on se sert du premier objectif, on trouvera le diamètre du champ apparent exprimé en minutes, en divisant le nombre 1400 par le grossissement; or en emploïant le second ou le troisième objectif, le champ apparent sera augmenté à peu près de la moitié.

Pour mieux éclaircir cet article, nous donnerons quelques exemples, en emploïant le dernier de nos objectifs, composé de trois lentilles.

Premier Dévis.

D'une telle lunette, qui grossit les objets cinq fois en diamètre.

Dans ce cas nôtre objectif aura $1\frac{1}{4}$ pouces de distance focale, & le diamètre de son ouverture sera $\frac{1}{3}$ de pouce, pour toutes les autres mésures nous les exprimerons en pouces & centièmes parties de pouces.

I. L'ob-

I. L'objectif sera donc composé de trois lentilles dont voici la construction :

1°. La première de Cr. & convexe, aura sa distance focale de o, 56 pouces, le rayon de sa face

de { dévant de 1, 10 pouces
derrière de o, 41 pouces

2°. Dépuis le milieu de celle ci, jusqu'à celui de la seconde on mettra la distance o, o3 pouces.

3°. La seconde lentille de Fl. également concave des deux côtés, aura sa distance focale de o, 34 & le rayon de chacune de ses faces de o, 39 pouces.

4°. Dépuis le milieu de celle ci jusqu'à la suivante la distance sera aussi de o, o3 pouces.

5°. La troisième de Cr. & également convexe des deux côtés, aura sa distance focale de o, 55 pouces, & le rayon de chaque face de o, 58 pouces.

II. La distance entre cet objectif & le verre oculaire sera 1, oo pouces.

III. Cet oculaire de Cr. également concave de deux côtés, aura sa distance focale négative de o, 26, & le rayon de l'une & de l'autre face de o, 27 pouces.

IV. Le diamètre du champ apparent de 5 dégré 36 min.

V. La longueur de cette lunette sera de 1, 09 pouces.

Second Dévis.

D'une lunette qui grossit les objets dix fois en diamètre.

Dans ce cas nôtre objectif aura $2\frac{1}{2}$ pouces de distance focale, & le diamètre de son ouverture sera $\frac{2}{5}$ de pouce. Les mésures suivantes sont en pouces & centièmes parties de pouces.

I. L'objectif sera composé de trois lentilles, dont voici la construction:

1°. La première de Cr. & convexe, aura sa distance focale de 1, 11 pouces & le rayon de sa face
de { dévant de 2, 14 pouces
derrière de 0, 82 pouces

2°. Dépuis le milieu de cette lentille jusqu'au milieu de la seconde, on fixera la distance de 0, 06 pouces.

3°. La seconde de Fl. également concave des deux côtés, aura sa distance de foyer de 0, 68 pouces, & le rayon de chaque face de 0, 79 pouces.

4°. Entre le milieu de celle ci & de la troisième on mettra un intervalle de 0, 06 pouces.

5. La

5°. La distance focale de la troisième lentille doit être de 1, 10 pouces, & le rayon de la convexité des deux faces de 1, 17 pouces.

II. La distance entre cet objectif & le verre oculaire sera de 2, 24 pouces.

III. Ce verre oculaire de Cr. sera également concave des deux côtés, il aura sa distance focale négative de 0, 26, & le rayon de l'une & de l'autre face de 0, 27 pouces.

IV. Le diamètre du champ apparent de 2 dégré & 30 minutes.

V. La longueur de la lunette sera de 2, 14 pouces.

Troisième Dévis.

D'une telle lunette qui grossit les objets 15 fois en diamètre.

Nôtre objectif aura donc $3\frac{3}{4}$ pouces de distance focale, & le diamètre de son ouverture sera $\frac{3}{8}$ de pouce.

I. L'objectif sera composé de trois lentilles dont la disposition se reglera sur les préceptes suivans

1°. La première lentille de Cr. & convexe, aura la distance de foyer de 1, 67 pouces, & le rayon de sa face
de { dévant de 3, 20 pouces
derrière de 1, 23 pouces

2°. Dépuis le milieu de celle ci jusqu'au milieu de la seconde on fixera la distance à 0, 08 pouces.

3°. La seconde de Fl. aura les deux faces également concaves, la distance focale de 1, 02 pouces, & le rayon de l'une & de l'autre face de 1, 18 pouces.

4°. Entre le milieu de celle ci & le milieu de la troisième, on fixera l'intervalle de 0, 08 pouces.

5°. La distance focale de la troisième lentille doit être de 1, 65 & le rayon des deux faces également convexes de 1, 75 pouces.

II. La distance entre ce verre objectif & l'oculaire sera de 3, 49 pouces.

III. Cet oculaire de Cr. sera également concave des deux côtés, il aura sa distance focale négative de 0, 26, & le rayon des deux faces de 0, 27 pouces.

IV. Le diamètre du champ apparent, d'un dégré 36 minutes.

V. La longueur de cette lunette sera de 3, 74 pouces.

Quatrième

Quatrième Dévis.

D'une telle lunette qui groſſit les objets 20 fois en diamètre.

I. L'objectif aura donc dans ce cas 5 pouces de diſtance focale, & le diamètre de ſon ouverture ſera $\frac{4}{5}$ de pouce, voici ſa conſtruction:

1°. La première lentille qui eſt de Cr. & convexe, aura ſa diſtance focale de 2, 23 pouces, & le rayon de ſa face de { dévant de 4, 26 pouces / derrière de 1, 63 pouces }

2°. Dépuis le milieu de celle ci jusqu'au milieu de la ſeconde la diſtance ſera de 0, 10 pouces.

3°. La ſeconde de Fl. également concave des deux côtés, aura ſa diſtance focale de 1, 36 pouces, & le rayon des deux faces de 1, 57 pouces.

4°. La diſtance entre le milieu de celle ci & de la troiſième ſera auſſi de 0, 10 pouces.

5°. La diſtance focale de la troiſième lentille doit être de 2, 20 pouces & le rayon de l'une & de l'autre face, qui ſont également convexes, de 2, 33 pouces.

II. La diſtance entre cet objectif & l'oculaire, doit être de 4, 74 pouces.

III. Cet oculaire ſera de Cr. & également concave des deux côtés, il aura ſa diſtance de foyer négative de 0, 26, & le rayon de l'une & de l'autre face de 0, 27 pouces.

IV. Le diamètre du champ apparent ſera d'un dégré 11 minutes.

V. La longueur de la lunette de 5, 04 pouces.

Cinquième Dévis.

Tab. I. Fig. 3. D'une telle lunette qui groſſit les objets 25 fois en diamètre.

I. L'objectif aura donc dans ce cas $6\frac{1}{4}$ pouces de diſtance focale, & le diamètre de ſon Ouverture ſera d'un pouce: voici ſa conſtruction:

1°. La première lentille de Cr. & convexe aura ſa diſtance focale de 2, 78 & le rayon de ſa

face { de dévant de 5, 33 pouces
de derrière de 2, 04 pouces

2°. Dépuis le milieu de celle ci jusqu'au milieu de la ſeconde, ſoit la diſtance de 0, 14 pouces.

3°. La ſeconde de Fl. également concave des deux côtés, aura ſa diſtance de foyer de 1, 70 pouces, & le rayon de chaque face de 1, 97 pouces.

4. En-

4°. Entre le milieu de celle ci & de la ſuivante on mettra la diſtance de o, 14.

5°. La diſtance focale de la troiſième lentille qui eſt de Cr. & également convexe des deux côtés, ſera de 2, 75 pouces & le rayon de chaque face de 2, 92 pouces.

II. La diſtance entre cet objectif & l'oculaire ſera de 6, 00 pouces.

III. Ce verre oculaire de Cr. ſera également concave des deux côtés, il aura ſa diſtance focale négative de o, 26, & le rayon de l'une & de l'autre face de o, 27 pouces.

IV. Le diamètre du champ apparent ſera de 56 minutes, &

V. La longueur de la lunette de 6, 42 pouces.

Cette dernière lunette, quoiqu'elle n'eſt que d'un demi-pied de longueur, découvrira déjà aſſés bien les ſatellites de Jupiter, & peut-être ſervira t'elle à en obſerver les éclipſes; ce qui ſeroit le moyen le plus aiſé pour déterminer la longitude par mer; tout dépend ici d'une exécution exacte, des méſures que nous venons de préſcrire pour la conſtruction de l'objectif.

Mais comme il eſt prèsqu' impoſſible de ne pas s'écarter tant ſoit peu de ces méſures, on ne doit pas tout à fait deſéſperer du ſuccès; on n'a qu'à qu'à augmenter les mésures présсrites, ou de combiner le même objectif avec un plus grand oculaire, ce qui donneroit un moindre grossissement, ou bien la lunette pour un même grossissement seroit plus alongée; attendû qu'une petite augmentation des mésures présсrites, est capable de reduire prèsqu'à rien, la confusion, qu'une petite aberration pourroit produire.

C'est par rapport à cette circonstance, que nous n'avons pas déterminé la grandeur absolüe des pouces, sur les quels ces mésures sont reglées, si c'e sont des pouces d'un pied d'Angleterre ou d'un pied de Françe. Tout révient ici a l'adresse de l'ouvrier en exécutant nos regles, en sorte, que plus il est heureux à les bien exécuter, plus on peut diminuer la grandeur d'une pouce; ainsi quand on peut espérer d'y réüssir parfaitement bien, on peut se servir des pouces ou douzièmes parties d'un pied de Londres, mais à mésure qu'on doit craindre quelque aberration, on choisira des douzièmes parties d'un pied de Françe ou on les prendra encore plus grandes, jusqu'à en doubler la quantité, qui sera prèsque toujours suffisante à faire évanouir toute confusion. Mais cette augmentation de la mésure d'un pouce ne doit pas régarder l'ouverture du verre objectif, laquelle on peut toujours regler sur les pouces d'un pied d'Angleterre, qui fourniront asses de clarté à la réprésentation.

Quand

Quand on aura lieu d'être content de l'effet de cette espèce de lunettes, on en peut augmenter le grossissement au delà de 25, & peut être jusqu'à 50 fois; mais il ne semble pas convenable, de transgresser ce terme, à cause du trop petit champ apparent qui en rendroit l'usage incommode, & outre cela les couleurs d'Iris, causées par l'oculaire, déviendroient trop sensibles. Nous ajouterons donc encore les trois exemples suivans présentés au même coup d'ocil.

Dévis de telles lunettes qui grossissent les objets 30, ou 40, ou 50 fois en diamètre.

	Grossissement.		
	30	40	50
I. L'objectif sera comme jusqu'ici composé de trois lentilles, dont la première & la troisième de *Crown-Glass* & la seconde de Fl. il aura sa distance focale de - -	$7\frac{1}{2}$	10	$12\frac{1}{2}$
Le diamètre de l'ouverture de	$1\frac{1}{5}$	$1\frac{3}{5}$	2
Voici sa Construction			
1°. La première lentille de Cr. & convexe, aura sa distance focale de - - -	3, 34	4, 46	5, 57
Le rayon de sa face			
de { dévant de - - -	6, 35	8, 51	10, 64
de { derrière de - - -	2, 45	3, 26	4, 08

 2°. Dé-

	Grossissement.		
	30	40	50
2°. Depuis le milieu de celle-ci, jusqu'au milieu de la seconde, la distance sera de - - -	0, 17	0, 23	0, 28
3°. La seconde lentille de Fl. également concave des deux côtés, aura sa distance de foyer de -	2, 04	2, 72	3, 39
Et le rayon de l'une & de l'autre face de - -	2, 36	3, 15	3, 94
4°. La distance de cette lentille à la troisième de	0, 17	0, 23	0, 28
5°. La distance focale de la troisième, qui est de Cr. & également convexe des deux côtes sera de - - -	3, 30	4, 40	5, 50
Le rayon de courbure de l'une & de l'autre de ses faces de - -	3, 50	4, 67	5, 83
II. La distance entre cet objectif & l'oculaire doit être de - - - -	7, 24	9, 74	12, 24
III. Cet oculaire de Cr. sera egalement concave des deux côtés, il au-			

	Grossissement.		
	30	40	50
ra sa distance de foyer négative de - - - -	0, 26	0, 26	0, 26
Et le rayon des deux faces égales de - - -	0, 27	0, 27	0, 27
IV. Le diamètre du champ apparent de - -	$46\frac{2}{3}'$	$34\frac{1}{2}'$	$27\frac{1}{2}'$
V. La longueur de la lunette sera de - -	7, 72	10, 40	13, 08

A ce que nous avons dit ci-dessus sur l'aggrandissement des pouces, il est bon d'ajouter, que dans ces cas le champ apparent est diminué dans la même raison, qu'on aura augmenté la quantité d'un pouce; or cela se doit entendre du champ que l'oeil découvre d'un seul coup, mais puisque l'oculaire, & partant aussi son ouverture, déviennent alors plus grands, & que l'oeil a la liberté de se proméner sur toute la surface de l'oculaire, il apercoivra successivement le même champ que si la lunette étoit plus courte.

ARTICLE III.

De la perfection des lunettes astronomiques, composées de trois verres.

Les lunettes astronomiques communes ne contiennent ordinairement que deux verres convexes, mais alors il est impossible de les délivrer du défaut des couleurs d'Iris, quoiqu'on y emploïe nos objectifs parfaits: vû que ce défaut est causé par l'oculaire, & qu'il dévient d'autant plus grand, plus on augmente le grossissement.

Par cette raison nous commençons d'abord par les lunettes astronomiques, composées de trois verres, qui fournissent outre cela le grand avantage, qu'elles découvrent un champ plus que deux fois plus grand en diamètre que celles de l'article précédent.

Nous emploïerons d'abord l'objectif composé de trois lentilles, comme le plus parfait dans son espèce, & nous donnerons les dévis suivans de telles lunettes, commençant par le grossissement de 25, & montant delà jusqu'au plus grand grossissement dont

dont on puisse jamais espérer l'exécution. Or pour n'être pas trop diffus dans l'exposition de tous ces différens cas, nous réprésenterons dans chaque dévis tout à la fois 3 lunettes de cette espèce.

Premier Dévis.

De telles lunettes qui grossissent 25, ou 30 ou 40 fois en diamètre.

	Grossissement.		
	25	30	40
I. Nôtre objectif sera comme jusqu'ici composé de trois lentilles, dont la première & la troisième de Cr. & la seconde de Fl. il aura sa distance focale de - -	$6\frac{1}{4}$	$7\frac{1}{2}$	10
Le diamètre de son ouverture de - - - -	1	$1\frac{1}{3}$	$1\frac{2}{3}$
Voici sa Construction			
1°. La première lentille de Cr. & convexe, aura sa distance focale de - -	2, 78	3, 34	4, 45
Le rayon de la face de devant de - -	5, 32	6, 38	8, 50
de derrière de - -	2, 04	2, 45	3, 27
2°. Depuis le milieu de celle-ci, jusqu'au milieu de la seconde la distance sera de - - - -	0, 14	0, 17	0, 23

 3. La

	Grossissement.		
	25	30	40
3°. La seconde de Fl. également concave des deux côtés, aura sa distance de foyer de - -	1, 70	2, 04	2, 72
Et le rayon de l'une & de l'autre face de -	1, 97	2, 36	3, 15
4°. La distance de cette lentille à la troisième de	0, 14	0, 17	0, 23
5°. La distance focale de la troisième, qui est de Cr. & également convexe des deux côtés sera de - - - - -	2, 75	3, 30	4, 40
Le rayon de courbure de l'une & de l'autre face de - - -	2, 92	3, 50	4, 67
II. La distance entre cet objectif & l'oculaire de -	6, 00	7, 25	9, 75
III. Ce second verre de Cr. également convexe des deux côtés, aura sa distance focale de - - -	0, 47	0, 48	0, 49
Le rayon de l'une & de l'autre face de - - -	0, 50	0, 51	0, 52
IV. Depuis ce verre jusqu'au troisième, on fixera la distance de - - -	0, 33	0, 33	0, 33

V. Le

	Groffiffement.		
	25	30	40
V. Le troifième verre de Cr. également convexe, aura fa diftance de foyer de -	0, 17	0, 17	0, 17
Et le rayon de courbure des deux faces de - -	0, 18	0, 18	0, 18
VI. La diftance de l'oeil, du dernier oculaire - -	0, 09	0, 09	0, 09
VII. Le diamètre du champ apparent de - -	1°, 13'	1°, 51'	1°, 24'
VIII. La longueur de la lunette de - - -	6, 84	8, 18	10, 86

Second Dévis.

De trois autres lunettes qui groffiffent 50, ou 60, ou 80 fois en diamètre.

	Groffiffement.		
	50	60	80
I. L'objectif aura donc fa diftance focale de - -	$12\frac{1}{2}$	15	20
Le diamètre de fon ouverture de - - -	2	$2\frac{2}{5}$	$3\frac{1}{5}$
Voici fa Conftruction			
1°. La première lentille de Cr. & convexe, aura fa diftance focale de - -	5, 57	6, 68	8, 91
Le rayon de fa face			

de

	Grossissement.		
	50	60	80
de { dévant de - -	10, 63	12, 76	17, 00
de { derrière de - -	4, 08	4, 90	6, 54
2°. Depuis le milieu de celle-ci jusqu'au milieu de la seconde, la distance sera de	0, 28	0, 34	0, 46
3°. La seconde lentille de Fl. également concave, aura sa distance de foyer de	3, 40	4, 08	5, 44
Et le rayon de chaque face de - - - -	3, 94	4, 73	6, 21
4°. Entre le milieu de cette lentille & le milieu de la troisième, on fixera l'intervalle de - - -	0, 28	0, 34	0, 46
5°. La distance focale de la troisième de Cr. & également convexe doit être de - - -	5, 50	6, 61	8, 81
Et le rayon de ses faces de - - -	5, 83	7, 00	9, 34
II. La distance entre cet objectif & le second verre, sera de - - -	12, 25	14, 75	19, 75
III. Ce second verre qui est également convexe & de Cr. aura sa distance focale de - - - -	0, 49	0, 49	0, 50

Et

	Groſſiſſement.		
	50	60	80
Et le rayon de courbure des deux faces de - -	0, 52	0, 52	0, 53
IV. La diſtance de ce verre au dernier de - -	0, 34	0, 34	0, 34
V. Le dernier oculaire également convexe & de Cr. aura ſa diſtance focale de -	0, 17	0, 17	0, 17
Et le rayon des deux faces égales de - - -	0, 18	0, 18	0, 18
VI. La diſtance de l'oeil, du troiſième verre - -	0, 09	0, 09	0, 09
VII. Le diamètre du champ apparent - - -	1°, 7′	56½′	42½′
VIII. La longueur de la lunette - - -	13, 52	16, 20	21, 56

Tab I. Fig 4.

Troiſième Dévis.

De trois autres lunettes qui groſſiſſent 100, ou 120, ou 160 fois en diamètre.

	Groſſiſſement.		
	100	120	160
I. L'objectif aura donc ſa diſtance focale de -	25, 00	30, 00	40, 00
Le diamètre de ſon ouverture de - - - -	4, 00	4, 80	6, 40

	Grossissement.		
	100	120	160
Voici la disposition de ses 3 lentilles:			
1°. La première de Cr. & convexe aura sa distance focale de - -	11, 14	13, 36	17, 82
Le rayon de sa face de { dévant de - -	21, 26	25, 51	34, 02
de { derrière de - -	8, 17	9, 80	13, 07
2°. Dépuis le milieu de celle-ci jusqu'au milieu de la seconde la distance sera de -	0, 56	0, 67	0, 90
3°. La seconde de Fl. également concave des deux côtés, aura sa distance de foyer de - -	6, 79	8, 15	10, 86
Le rayon de l'une & de l'autre face de -	7, 88	9, 46	12, 61
4°. L'éspâce entre les milieu de ces deux lentilles de -	0, 56	0, 67	0, 90
5°. La distance focale de la troisième, qui est de Cr. & égalem nt convexe des deux côtés sera de - - -	11, 01	13, 21	17, 61
Et le rayon de ses faces égales de - -	11, 67	14, 00	18, 67

II. La

	Groſſiſſement.		
	100	120	160
II. La diſtance entre l'objectif & le ſecond verre ſera de - - -	24, 75	29, 75	39, 75
III. Ce ſecond verre, qui eſt également convexe des deux côtés & de Cr. aura ſa diſtance focale de - -	0, 50	0, 50	0, 50
Et le rayon de chacune de ſes faces de - - -	0, 53	0, 53	0, 53
IV. La diſtance entre ce verre & le troiſième ſera de - - - - - -	0, 34	0, 34	0, 34
V. Le dernier oculaire également convexe & de Cr. aura ſa diſtance de foyer de - - - - -	0, 17	0, 17	0, 17
Et le rayon de courbure de ſes faces de - - -	0, 18	0, 18	0, 18
VI. La diſtance de l'oeil de - - - - -	0, 09	0, 09	0, 09
VII. Le diamètre du champ de - - -	$34\frac{7}{10}'$	29'	$21\frac{5}{8}'$
VIII. La longueur de la lunette de - - -	26, 86	32, 19	42, 88

 Qua-

Quatrième Dévis.

De trois autres lunettes qui grossissent 200, 240 ou 320 fois en diamètre.

	Grossissement.		
	200	240	320
I. L'objectif composé de trois lentilles aura sa distance de foyer de - - -	50, 00	60, 00	80, 00
Le diamètre de son ouverture de - - -	8, 00	9, 60	12, 80
Voici sa Construction:			
1°. La première lentille de Cr. & convexe aura la distance focale de - -	22, 27	26, 73	35, 64
Le rayon de la face de { dévant de - -	42, 52	51, 03	68, 04
{ derrière de - -	16, 34	19, 61	26, 14
2°. Dépuis le milieu de celle-ci au milieu de la seconde, on mettra la distance de - - -	1, 13	1, 35	1, 81
3°. La seconde de Fl. également concave des deux côtés, aura sa distance focale de - -	13, 59	16, 30	21, 73
Et le rayon de l'une & de l'autre de ses faces de - - -	15, 77	18, 92	25, 22

4. La

	Grossissement.		
	200	240	320
4°. La distance de cette lentille à la suivante sera de - - -	1, 13	1, 35	1, 81
5°. La distance focale de la troisième qui est de Cr. & également convexe des deux côtés, sera de - - -	22, 02	26, 42	35, 23
Et le rayon de chacune de ses faces - -	23, 34	28, 01	37, 35
II. La distance entre cet objectif & le second verre de - - - - -	49, 74	59, 74	79, 74
III. Ce second verre est de Cr. également convexe des deux côtés, il aura sa distance focale de - -	0, 50	0, 51	0, 51
Le rayon de l'une & de l'autre face de - -	0, 53	0, 54	0, 54
IV. Depuis ce verre jusqu'au troisième la distance sera de - - -	0, 34	0, 34	0, 34
V. Ce troisième verre pareillement de Cr. & également convexe des deux côtés aura sa distance focale de - - - -	0, 17	0, 17	0, 17

	Groſſiſſement.		
	200	204	320
Le rayon de ſes faces de -	0, 18	0, 18	0, 18
VI. La diſtance de l'oeil -	0, 09	0, 09	0, 09
VII. Le diamètre du champ apparent de - -	17¼′	14¼′	10⅔′
VIII. La longueur de la lunette de - - -	53, 65	64, 22	85, 60

On ſera ſans doute ſurpris, que des groſſiſſemens ſi énormes puiſſent être exécutés par des lunettes ſi courtes ; vû que le dernier groſſiſſement de 320 n'exige qu'une longueur de ſept pieds environ, pendant qu'autre fois on auroit été obligé d'alonger les tubes au delà de 200 pieds. Or cette longueur exorbitante les auroit rendu abſolument intraitables, outre que la différente réfrangibilité des rayons y auroit cauſé une confuſion ſi exceſſive qu'on n'en auroit pû attendre le moindre ſécours dans les obſervations céleſtes ; d'où l'on jugera aiſément, de quelle importance ſeroit une lunette de 7 pieds, qui ne groſſiroit pas ſeulement autant de fois, mais dont la repréſentation ſeroit encore délivrée de toute confuſion. Mais il faut auſſi avoüer, que l'exécution de telles lunettes ſera toujours extrémement délicate, & qu'on n'y ſauroit parvenir qu'après pluſieurs éſſais peut être inutiles C'eſt ſur tout la conſtruction de la premiére lentille de l'objectif, qui démande la plus grande adreſſe, & il ſera toujours bon d'en exécuter pluſieures pièces, tant ſur les

les mêmes baſſins, que ſur des baſſins tant ſoit peu différens, à fin qu'on en puiſſe choiſir celle, qui conviendra le mieux à la pratique. Cépendant on ſera toujours obligé de récourir à quelques vis, par le moyen desquelles on puiſſe changer tant ſoit peu les diſtances entre les trois lentilles de l'objectif, ce qu'on fera aiſément dans une chambre noire; où l'on ſera tant d'éſſais jusqu'à ce que la répréſentation déviennne parfaitement nette.

Mais s'il arrivoit qu'on ne pût pas atteindre à ce dégré de perfection, on ne ſeroit pour tant pas obligé, d'abandonner entiérement l'entrepriſe; on pourra récourir au moyen que nous avons déjà indiqué, c'eſt à dire, d'augmenter la méſure du pouce, & de lui donner même une quantité double, d'où les imperfections ſeroient réduites à peu près à la huitième partie; & en effet on pourra toujours être très content de faire une lunette de 14 pieds qui groſſiroit au delà de trois cens fois.

Pour diriger plus aiſément la conſtruction de ces lunettes, on fixera l'objectif dans le trou d'une chambre noire & l'on obſervera ſur ſon axe, l'endroit où l'image paroitra la plus diſtincte, & ce ſera alors à la diſtance d'un quart de pouce, qu'on doit fixer le ſecond verre, ou le premier oculaire. Pour le lieu du dernier, il n'y aura pas la moindre difficulté puisque celui ci doit reſter mobile, pour être accommodé à la conſtitution de chaque oeil.

Après

Après tout cela on ne sauroit disconvenir, que la petitesse du dernier verre oculaire, dont la distance de foyer ne monte pas encore à la sixième partie d'un pouce, n'augmente aussi considérablement les difficultés dans l'exécution; & il sera bon aussi à cet égard d'augmenter, & même de doubler les mésures préscrites: vû que par ce moyen on obtiendra toujours des lunettes, qui surpasseront encore en excellence toutes celles, qu'on a été jusqu'ici en état d'exécuter.

Au reste il est bon d'avertir, qu'en augmentant les mésures préscrites, on pourra toujours conserver la même ouverture de l'objectif, de sorte que la grandeur de ces trois verres demeurera toujours la même, & cette circonstance n'en facilitera pas peu l'exécution, de sorte qu'on puisse être beaucoup plus assûré d'un heureux succès. Encore l'avantage est considerable, que par cette augmentation des mesures, on ne perd absolument rien sur le champ apparent, qui dépend uniquement de l'ouverture des deux verres oculaires, & nous supposons qu'on donne à chacun une ouverture égale à la moitié de la distance de foyer.

Enfin si l'on vouloit se contenter d'un moindre dégré de clarté, on pourroit encore au delà diminuer la grandeur de l'objectif, ce qui en rendroit la construction bien plus sûre.

ARTICLE IV.

De la perfection des lunettes astronomiques composées de quatre verres, qui découvrent un plus grand champ apparent que les précédentes.

Ces lunettes composées de quatre verres que nous nommons encore astronomiques, puisqu'ils réprésentent les objets renversés, fournissent deux grands avantages sur celles de l'article précédent; car premièrement, elles découvrent un champ, dont le diamètre surpasse de la moitié celui du cas précédent, ensuite elles n'exigent pas des oculaires si extrémement petits; à quoi l'on peut ajouter, qu'elles sont encore plus courtes que les précédentes. Nous donnerons ici les mésures necessaires pour les mêmes différens grossissemens, en les exprimant toujours en pouces, sans neanmoins déterminer leur juste valeur, pour qu'on puisse l'augmenter dans chaque cas, selon qu'on jugera à propos. Mais quant au diamètre de l'ouverture de nôtre objectif: on se servira constamment de la douzième partie d'un pied de Londres; vû

que

que cette mésure fournit déjà un très grand dégré de clarté; & on le pourra même en plusieurs occasions encore diminuer sans porter atteinte au succès des observations.

Premier Dévis.

De trois lunettes de cette espèce, qui grossissent 25, ou 30, ou 40 fois en diamètre.

	Grossissement.		
	25	30	40
Tab. I. Fig. 5. I. Nôtre objectif composé de trois lentilles, dont la première & la troisième de Cr. & la seconde de Fl. aura sa distance de foyer de - -	6, 25	7, 50	10, 00
Le diamètre de son ouverture de - - - -	1, 00	1, 20	1, 60
Voici sa Construction			
1°. La première lentille qui est de Cr. & convexe, aura sa distance focale de - - - -	2, 78	3, 34	4, 45
Le rayon de la face			
de { dévant de - -	5, 23	6, 29	8, 41
de { derrière de - -	2, 06	2, 47	3, 29
2°. Entre le milieu de celle-ci, & le milieu de la seconde l'intervalle sera de - - - -	0, 14	0, 17	0, 23

3. La

	Grossissement.		
	25	30	40
3°. La seconde lentille de Fl. également concave des deux côtés, aura sa distance de foyer de -	1, 70	2, 04	2, 72
Et le rayon de l'une & de l'autre face de -	1, 97	2, 36	3, 15
4°. L'espâce entre le milieu de cette lentille & celui de la troisième sera de - - - -	0, 14	0, 17	0, 23
5°. La distance focale de la troisième, étant de Cr. & également convexe, sera de - - -	2, 75	3, 30	4, 40
Et le rayon de courbure de ses faces de -	2, 92	3, 50	4, 67
II. La distance de l'objectif au second verre de -	5, 82	7, 07	9, 57
III. Ce second verre qui est également convexe & de Cr. aura sa distance focale de - - - -	0, 68	0, 70	0, 72
Et le rayon de courbure des ses faces de - - -	0, 72	0, 74	0, 76
IV. Depuis ce verre jusqu'au au troisième la distance sera de - - -	0, 37	0, 37	0, 37

V. Le

	Grossissement.		
	25	30	40
V. Le troisième verre qui est de Cr. également convexe, aura sa distance focale de -	0, 36	0, 37	0, 37
Et le rayon de courbure des chaque face de - -	0, 38	0, 39	0, 39
VI. La distance du troisième au quatrième de - -	0, 07	0, 07	0, 07
VII. La distance focale du quatrième de Cr. également convexe, sera de -	0, 22	0, 22	0, 22
Le rayon de l'une & de l'autre face de - -	0, 23	0, 23	0, 23
VIII. Distance de l'oeil de - - - -	0, 08	0, 08	0, 08
IX. Diamètre du champ apparent de - - -	3°, 18⅓′	2°, 46⅓′	2°, 5¾″
X. Longueur de la lunette de - - -	6, 76	8, 10	10, 78

Second Dévis.

De trois autres lunettes de cette espèce, qui grossissent 50, ou 60, ou 80 fois en diamètre.

	Grossissement.		
	50	60	80
I. L'objectif composé aura donc sa distance de foyer de	12, 50	15, 00	20, 00

Le

	Grossissement.		
	50	60	80
Le diamètre de son ouverture de - - - -	2, 00	2, 40	3, 20
Voici la disposition de ses trois lentilles:			
1°. La première de Cr. & convexe, aura sa distance focale de - -	5, 57	6, 68	8, 91
Le rayon de sa face de { dévant de - -	10, 54	12, 67	16, 91
{ derrière de - -	4, 10	4, 92	6, 56
2°. L'espace entre le milieu de celle-ci & le milieu de la seconde sera -	0, 28	0, 34	0, 46
3°. La seconde lentille de Fl. également concave, aura sa distance focale de -	3, 40	4, 08	5, 44
Et le rayon des deux faces égales de - -	3, 94	4, 73	6, 21
4°. La distance de cette lentille à la troisième sera de - - - -	0, 28	0, 34	0, 46
5°. La distance focale de la troisième de Cr. & également convexe sera de - - - - -	5, 50	6, 61	8, 81
Et le rayon de ses faces de - - -	5, 83	7, 00	9, 34

 II. La

	Grossissement.		
	50	60	80
II. La distance de cet objectif à l'oculaire sera de - - - - -	12, 07	14, 57	19, 57
III. Ce second verre qui est de Cr. & également convexe aura sa distance focale de - - - -	0, 73	0, 74	0, 74
Et le rayon de courbure de chaque face de - -	0, 77	0, 78	0, 78
IV. La distance de ce verre au troisième de -	0, 37	0, 37	0, 38
V. Le troisième verre est aussi de Cr. & également convexe des deux côtés, il aura sa distance focale de -	0, 37	0, 37	0, 37
Et le rayon de l'une & de l'autre face de - -	0, 39	0, 39	0, 40
VI. L'espace entre le troisième & le quatrième de -	0, 08	0, 08	0, 08
VII. La distance focale de ce quatrième verre qui est de Cr. & également convexe sera de - - -	0, 22	0, 23	0, 23
Et le rayon des ses faces de	0, 23	0, 24	0, 24
VIII. La distance de l'oeil de - - - - - -	0, 08	0, 08	0, 08

IX.

	Grossissement.		
	50	60	80
IX. Le diamètre du champ apparent de - - - -	1°. 41′	1°. 24′	1°. 4′
X. La longueur de la lunette de - - -	13, 33	16, 11	21, 47

Troisième Dévis.

De trois lunettes de la même espèce qui grossissent 100, ou 120, ou 160 fois en diamètre.

	Grossissement.		
	100	120	160
I. L'objectif aura sa distance focale de - - -	25, 00	30, 00	40, 00
Le diamètre de son ouverture de - - -	4, 00	4, 80	6, 40
Voici sa Construction			
1°. La première lentille de Cr. & convexe, aura sa distance de foyer de - -	11, 14	13, 36	17, 82
Le rayon de sa face			
de { dévant de - - -	21, 17	25, 42	33, 93
de { derrière de - - -	8, 19	9, 82	13, 09
2°. Entre le milieu de cette lentille & celui de la seconde, la distance sera de - - - -	0, 56	0, 67	0, 90

3°. La

	Grossissement		
	100	120	160
3°. La seconde lentille de Fl. également concave des deux côtés, aura sa distance focale de - -	6, 79	8, 15	10, 86
Et le rayon de ses faces de - - -	7, 88	9, 46	12, 61
4°. L'intervalle entre celle-ci & la troisième de	0, 56	0, 67	0, 90
5°. La distance focale de la troisième lentille de Cr. & également convexe de - - - -	11, 01	13, 21	17, 61
Et le rayon de ses deux faces de - - - -	11, 67	14, 00	18, 67
II. La distance entre ce verre objectif & le second de - - - -	24, 57	29, 57	39, 57
III. Ce second verre qui est également convexe & de Cr. aura sa distance focale de - - - - - -	0, 75	0, 75	0, 76
Et le rayon de chacune de ses faces de - - -	0, 79	0, 79	0, 80
IV. La distance entre ce verre & le troisième de -	0, 38	0, 38	0, 38
V. Le troisième verre de Cr. & également con-			

vexe

	Grossissement.		
	100	120	160
vexe aura sa distance de foyer de - - -	0, 37	0, 38	0, 38
Et le rayon de courbure de ses deux faces de - -	0, 39	0, 40	0, 40
VI. La distance de ce verre au quatrième de - -	0, 08	0, 08	0, 08
VII. Le quatrième verre pareillement de Cr. & également convexe, aura sa distance focale de - -	0, 23	0, 23	0, 23
Et le rayon des deux faces de - - - -	0, 24	0, 24	0, 24
VIII. Distance de l'oeil -	0, 08	0, 08	0, 08
IX. Diamètre du champ apparent de - - -	52′	44′	32′
X. Longueur de la lunette de - - -	26, 78	32, 11	42, 89

Quatrième Dévis.

De trois autres lunettes de cette espèce, qui grossissent 200, 240, ou 320 fois en diamètre.

	Grossissement.		
	200	240	320
I. L'objectif aura donc sa distance focale de - -	50, 00	60, 00	80, 00

	Grossissement.		
	200	240	320
Le diamètre de son ouverture de - - -	8, 00	9, 60	12, 80
Voici la disposition de ses lentilles:			
1°. La première de Cr. & convexe aura sa distance focale de - - -	22, 27	26, 73	35, 64
Le rayon de la face de { dévant de - -	42, 43	50, 94	67, 95
Le rayon de la face de { derrière de - -	16, 36	19, 63	26, 16
2°. Du milieu de cette lentille au milieu de la seconde l'espâce sera de -	1, 13	1, 35	1, 81
3°. La seconde de Fl. également concave aura sa distance focale de -	13, 59	16, 30	21, 73
Et le rayon de l'une & de l'autre de ses faces égales de - -	15, 77	18, 92	25, 22
4°. La distance entre celle-ci & la troisième de - - - -	1, 13	1, 35	1, 81
5°. La distance focale de la troisième qui est de Cr. & également convexe sera de - -	22, 02	26, 42	35, 23

Et

	Groſſiſſement.		
	200	240	320
Et le rayon de ſes faces de - - -	23, 34	28, 01	37, 35
II. La diſtance entre cet objectif & le ſecond verre ſera de - - - -	49, 57	59, 57	79, 57
III. Ce verre qui eſt également convexe & de Cr. aura ſa diſtance focale de -	0, 76	0, 76	0, 76
Et le rayon de chacune de ſes faces de - - -	0, 80	0, 80	0, 80
IV. La diſtance entre ce verre & le troiſième de -	0, 38	0, 38	0, 38
V. Le troiſième qui eſt auſſi de Cr. & convexe également, aura ſa diſtance focale de - - - -	0, 38	0, 38	0, 38
Et le rayon de courbure de ſes deux faces de - -	0, 40	0, 40	0, 40
VI. La diſtance de ce verre au quatrième de - -	0, 08	0, 08	0, 08
VII. La diſtance focale du quatrième, qui eſt pareillement de Cr. & également convexe ſera de - -	0, 23	0, 23	0, 23
Et le rayon de l'une & de l'autre face de - -	0, 24	0, 24	0, 24

	Grossissement.		
	200	240	320
VIII. La distance de l'oeil de - - -	0, 08	0, 08	0, 08
IX. Le diamètre du champ apparent de - - -	26′	21′	16′
X. La longueur de la lunette de - - -	53, 50	64, 16	85, 54

Comme il arrivera ordinairement que la distance focale des verres, & principalement de l'objectif, ne répond pas exactement à la quantité que nous avons assignée, tant à cause des petites erreurs commises dans la pratique, que puisque le verre dont on se sert ne souffre pas précisément la même réfraction que nous avons supposée ; il faut se regler dans la disposition des verres sur leurs distances focales actuelles, ce qu'il faut observer sur tout dans le lieu du second verre, qu'on doit toujours placer dévant le foyer de l'objectif à la distance de $\frac{41}{100}$ de pouce. Pour la disposition des autres verres, il n'y a rien à craindre de ce côté, d'autant moins que les deux derniers verres tenans lieu d'un oculaire simple, doivent être enchassés dans la même petite boëte, qu'on laissera mobile, pour servir à tous les yeux différens.

Pour ce qui régarde l'exécution de ces lunettes : les mêmes réflexions que nous avons rapportées dans l'article précédent, auront aussi lieu ici. Nous y ajouterons ſeulement cette regle générale: qu'un Artiſte quelqu' habile qu'il ſoit, ne doit jamais commencer par les plus grands groſſiſſemens, mais il ſera bien de paſſer par dégré, des moindres groſſiſſemens au plus grands; & encore, pour quelque groſſiſſement qu'il veut travailler, il ſera bon de commencer par des méſures augmentées, & même doublées, avant que d'entreprendre l'exécution de ces inſtrumens pour le plus haut dégré de perfection; car montant ainſi de dégré en dégré, il ne manquera pas de découvrir certaines manoeuvres, au moyen des quelles il lui ſera plus aiſé de réüſſir dans les cas les plus difficiles.

ARTICLE V.

De la perfection des lunettes terrestres ordinaires compoſées de quatre verres.

Cette eſpèce de lunettes à quatre verres, eſt celle dont on s'eſt ſervi autre fois, connüe ſous le nom de lunettes terreſtres, puisqu'elles répréſentent les objets débout. Elles ſont quaſi compoſées de deux lunettes aſtronomiques, puisque le ſecond verre eſt placé derrier le ſoyer de l'objectif, à la diſtance de ſon propre ſoyer; de ſorte que ces deux verres donneroient déjà une lunette aſtronomique. On place le troiſième verre à une certaine diſtance après le ſecond, qui doit être telle, que le champ apparent en réſulte le plus grand. Dépuis on marque le ſoyer du troiſième, derrier lequel on mettra enfin le quatrième verre, auſſi à la diſtance de ſon propre ſoyer; cependant on doit laiſſer ce dernier verre mobile, pour en pouvoir changer la diſtance ſelon la conſtitution de chaque oeil.

Autre fois on à fait les trois derniers verres égaux entr'eux; mais nous aſſignerons ici à chacun ſa ſa juſte diſtance focale, àfin qu'on en obtienne non ſeulement le plus grand champ apparent, mais auſſi que la répréſentation ſoit entièrement délivrée des couleurs d'Iris, qu'une autre diſpoſition ne manqueroit pas de produire. D'ailleurs nous ſerons ces trois derniers verres, que nous ſuppoſons formés de *Crown-Glaſſ*, également convexes des deux côtés, & nous donnerons à chacun une ouverture dont le diamètre ſoit égal à la moitié de ſa diſtance focale.

Or le plus haut dégré de perfection, auquel nous tacherons de porter cette eſpèce de lunette, conſiſte en ce qu'au lieu d'un verre objectif ſimple, nous emploïerons nôtre objectif parfait composé de trois lentilles, dont la ſeconde eſt de *Flint-Glaſſ*, la première & troiſième étant de *Crown-Glaſſ*; & nous tiendrons compte comme jusqu'ici, de leurs diſtances entre-eux, qui doivent toujours très ſoigneuſement être obſervées.

Nous mettrons donc dévant les yeux pluſieurs dévis de telles lunettes, en commençant par des groſſiſſemens plus petits, d'où nous monterons jusqu'à celui de 300 fois. Nous exprimerons comme jusqu'ici les méſures en pouces & centièmes parties de pouces, ſans en déterminer la grandeur, àfin qu'on puiſſe librement les augmenter jusqu'au double ou même au de là, ſelon qu'on le jugera à propos. Mais pour l'ouverture de l'objectif on ſe ſervira conſtamment du pouce du pied de Londres, qui fournira

déjà

déjà un assés grand dégré de clarté, mais si l'on en démandoit encore un plus grand, pour construire des lunettes appellées nocturnes, on n'auroit qu'à augmenter l'ouverture de l'objectif.

Enfin cette espèce de lunettes nous fournit encore ce grand avantage: qu'on n'est pas obligé d'y employer des oculaires si petits comme dans l'article précédent; on en pourroit même augmenter la grandeur à plaisir. Mais comme cela alongeroit les instrumens, il suffira de donner au dernier oculaire une distance focale d'environ un demi pouce, qui pourra monter jusqu'à un pouce entier dans les cas ou l'on est obligé d'augmenter les mésures préscrites.

Premier Dévis.

De quatre telles lunettes qui grossissent 10, 20, 30, ou 40 fois en diamètre.

	Grossissement.			
	10	20	30	40
Tab. II. Fig. 6. I. L'objectif sera composé de trois lentilles, dont la seconde de Fl. & la première & troisième de Cr. il aura sa distance focale de - - -	2, 50	5, 00	7, 50	10, 00
Le diamètre de son ouverture de - -	0, 40	0, 80	1, 20	1, 60

Voici

	Grossissement.			
	10	20	30	40
Voici la Construction:				
1°. La première lentille de Cr. & convexe aura sa distance focale de - -	1, 11	2, 22	3, 34	4, 45
Et le rayon de sa face de { dévant de	2, 04	4, 17	6, 30	8, 43
{ derrière de	0, 84	1, 66	2, 48	3, 30
2°. Du milieu de cette lentille au milieu de la seconde la distance de -	0, 06	0, 11	0, 17	0, 22
3°. La seconde de Fl. & également concave des deux côtés, aura sa distance de foyer de -	0, 68	1, 36	2, 10	2, 62
Et le rayon de ses faces de - -	0, 79	1, 58	2, 36	3, 15
4°. Du milieu de celle-ci au milieu de la suivante la distance sera de - -	0, 06	0, 11	0, 17	0, 22
5°. La distance focale de la troisième lentille de Cr. & également convexe sera de - -	1, 10	2, 20	3, 30	4, 40

G Et

	Grossissement.			
	10	20	30	40
Et le rayon de ses faces de - -	1, 17	2, 30	3, 50	4, 66
II. La distance de l'objectif au second verre de - -	3, 25	5, 68	8, 15	10, 64
III. Le second verre de Cr. également convexe aura sa distance focale de - -	0, 75	0, 68	0, 65	0, 64
Et le rayon des ses faces de - -	0, 79	0, 72	0, 69	0, 68
IV. La distance entre le second & le troisième verre de -	3, 91	3, 23	3, 04	2, 96
V. Le troisième verre de Cr. également convexe aura sa distance focale de -	1, 50	1, 35	1, 3[illegible]	1, 29
Et le rayon de ses faces de - -	1, 59	1, 43	1, 3[illegible]	1, 37
VI. La distance entre le troisiémé, & le quatrième de -	2, 10	1, 94	1, 90	1, 87
VII. Le quatrième verre de Cr. & également convexe aura sa distance focale de -	0, 51	0, 51	0, 51	0, 51

Et

	Grossissement.			
	10	20	30	40
Et le rayon de l'une & de l'autre face de -	0, 54	0, 54	0, 54	0, 54
VIII. La distance de ce verre à l'oeil de	0, 34	0, 34	0, 34	0, 34
IX. Le diamètre du champ apparent de	4°, 14′	2°, 7′	1°, 22′	1°, 1′
X. La longueur de la lunette de -	9, 78	11, 52	13, 94	16, 48

Second Dévis.

De deux lunettes qui grossissent 50 & 75 fois en diamètre.

	Grossissement.	
	50	75
I. L'objectif aura donc ici sa distance de foyer de - - - -	12, 50	18, 75
Et le diamètre de son ouverture de	2, 00	3, 00
Voici la Construction:		
1°. La première lentille de Cr. & convexe, aura sa distance focale de - - - - - -	5, 57	8, 35
Le rayon de sa face		
de { dévant de - - - -	10, 52	15, 84
de { derrière de - - - -	4, 10	6, 14
2°. Du milieu de celle-ci au milieu de la seconde la distance sera de - - - - -	0, 28	0, 48

	Grossissement.	
	50	75
3°. La seconde de Fl. & également concave, aura sa distance focale de	3, 15	5, 09
Et le rayon de ses faces de - -	3, 94	5, 91
4°. Du milieu de cette lentille au milieu de la troisième, la distance sera de - - -	0, 28	0, 42
5°. La distance focale de cette troisième, qui est de Cr. & également convexe, sera de - -	5, 50	8, 25
Et le rayon de ses faces de -	5, 83	8, 75
II. La distance de l'objectif au second verre de - - -	13, 14	19, 38
III. Le second verre de Cr. également convexe aura sa distance focale de - - - - - -	0, 64	0, 63
Et le rayon de ses faces de -	0, 68	0, 67
IV. La distance entre le second & le troisième verre de - -	2, 91	2, 84
V. Le troisième verre de Cr. & également convexe aura sa distance focale de - - - - -	1, 28	1, 26
Et le rayon de l'une & de l'autre face de - - - - -	1, 35	1, 33
VI. La distance entre le troisième & le quatrième de - - - -	1, 80	1, 77
VII. Le quatrième de Cr. & également convexe aura sa distance focale de - - - - - -	0, 51	0, 51

Et

	Groſſiſſement.	
	50	75
Et le rayon de l'une & de l'autre face de - - - - -	0, 54	0, 54
VIII. La diſtance de ce verre à l'oeil de - - - - -	0, 34	0, 34
IX. Le diamètre du champ apparent de - - - - -	49′	33′
X. La longueur de la lunette de. -	19, 02	25, 59

Troiſième Dévis.

De deux autres lunettes qui groſſiſſent 100 & 150 fois en diamètre.

	Groſſiſſement.	
	100	150
I. L'objectif aura donc ici ſa diſtance focale de - - - - -	25, 00	37, 50
Et le diamètre de ſon ouverture de	4, 00	6, 00
Voici ſa Conſtruction		
1°. La première lentille de Cr. & convexe, aura ſa diſtance focale de - - - - - -	11, 14	16, 71
Et le rayon de ſa face		
de { dévant, de - - -	21, 16	31, 79
de { derrière de - - -	8, 19	12, 27
2°. Du milieu de cette lentille au milieu de la ſeconde la diſtance ſera de - - - -	0, 56	0, 84

 3°. La

	Groſſiſſement. 100	Groſſiſſement. 150
3°. La ſeconde lentille de Fl. & également concave de deux côtés aura ſa diſtance focale de - -	6, 30	10, 19
Et le rayon de ſes deux faces de - - - - - -	7, 88	11, 82
4°. Du milieu de cette lentille au milieu de la troiſième ſoit la diſtance de - - - -	0, 56	0, 84
5°. La diſtance focale de la troiſième, qui eſt de Cr. & également convexe, ſera de - - -	11, 01	16, 51
Et le rayon de ſes deux faces de	11, 67	17, 50
II. La diſtance de l'objectif au ſecond verre de - - - - - -	25, 63	38, 12
III. Ce ſecond verre de Cr. & également convexe aura ſa diſtance focale de - - - - - -	0, 63	0, 62
Et le rayon de ſes faces de -	0, 67	0, 66
IV. La diſtance entre le ſecond & le troiſième de - - - - -	2, 82	2, 78
V. Le troiſième verre de Cr. & également convexe aura ſa diſtance focale de - - - - -	1, 27	1, 25
Et le rayon de ſes deux faces de -	1, 33	1, 32
VI. La diſtance entre le troiſième & le quatrième doit être de -	1, 77	1, 76

	Grossissement.	
	100	150
VII. Le quatrième verre de Cr. également convexe, aura sa distance focale de - - - - - -	0, 51	0, 51
Le rayon de l'une & de l'autre face de - - - - -	0, 54	0, 54
VIII. La distance de l'oeil de -	0, 34	0, 34
IX. Le diamètre du champ apparent de - - - - -	24½′	16⅓′
X. La longueur de la lunette de	32, 24	45, 52

Quatrième Dévis.

De deux autres lunettes qui grossissent 200 & 300 fois en diamètre.

	Grossissement.	
	200	300
I. L'objectif toujours composé de trois lentilles, aura sa distance focale de - - - - - -	50, 00	75, 00
Et le diamètre de son ouverture de	8, 00	12, 00
Voici sa Construction		
1°. La première lentille de Cr. est convexe, elle aura sa distance focale de - - - - -	22, 82	33, 42
Et le rayon de sa face		
de { dévant de - - - -	42, 52	63, 78
de { derrière de - - -	16, 34	24, 51

2. Du

	Grossissement.	
	200	300
2°. Du milieu de celle-ci, au milieu de la suivante la distance sera de - - - - - -	1, 13	1, 69
3°. La seconde de Fl. & également concave, aura sa distance focale de - - - - -	13, 59	20, 38
Et le rayon de ses deux faces de	15, 77	23, 65
4°. Du milieu de la seconde au milieu de la troisième la distance sera de - - - - - -	1, 13	1, 69
5°. La distance focale de la troisième lentille qui est de Cr. & également convexe, de - - -	22, 02	33, 03
Et le rayon de ses faces de -	23, 34	35, 01
II. La distance de l'objectif au second verre de - - - -	50, 62	75, 62
III. Le second verre de Cr. également convexe aura sa distance focale de - - - - - -	0, 62	0, 62
Et le rayon de l'une & de l'autre face de - - - - -	0, 66	0, 66
IV. La distance entre le second verre & le troisième de - -	2, 77	2, 75
V. Ce troisième verre de Cr. & également convexe aura sa distance focale de - - - - - -	1, 25	1, 24
Et le rayon des deux faces de -	1, 32	1, 31

VI. La

	Grossissement.	
	200	300
VI. La distance entre ce troisième verre & le suivant sera de -	1, 76	1, 75
VII. Le quatrième verre de Cr. & également convexe des deux côtés aura sa distance focale de - -	0, 51	0, 51
Et le rayon de l'une & de l'autre face de - - - - - -	0, 54	0, 54
VIII. La distance de l'oeil de -	0, 34	0, 34
IX. Le diamètre du champ apparent de - - - -	12′	8′
X. La longueur de la lunette de	58, 88	85, 53

Dans cette espèce de lunettes il est bien rémarquable, que les petits grossissemens démandent une longueur à proportion beaucoup plus grande que les grands grossissemens; par exemple pour grossir dix fois la longueur de la lunette est 9, 78 pouces, pendent que pour grossir vingt fois la lunette n'a que 11,52 pouces de longueur, ce qui n'est que de 1, 74 pouces plus long. Il en est de meme du grossissement de trente fois, qui ne surpasse pas encore de 2½ pouces celui de vingt fois. Or pour les objets terrestres un grossissement de trente fois est déjà très considerable, de sorte que pour l'usage ordinaire il seroit très commode d'avoir une telle lunette, qui ne seroit pas encore de 14 pouces, & si l'on vouloit doubler les mésures pour mieux réussir, on auroit une lunette de deux pieds & quatre pouces environ qui nous rendroit ce ſervice, ce qui ſurpaſſeroit ſans doute tout ce qu'on a fait jusqu'ici dans cette vüe; & peut être ſuffira t'il d'augmenter les méſures préſcrites de leur moitié, d'où l'on obtiendroit une lunette d'environ 1 $\frac{3}{4}$ pieds, qui ſeroit encore plus commode. Et ſi l'on vouloit ſe ſervir d'une lunette de 3 pieds, on pourroit s'en promettre un groſſiſſement de cent fois, & partant au moins de cinquante fois s'il ſeroit neceſſaire de doubler les meſures; & ſi dans ce cas ou vouloit auſſi doubler l'ouverture de l'objectif, le dégré de clarté ſuffiroit pour réconnoître encore les objets pendant le crepuſcule.

ART. VI.

ARTICLE VI.

De la perfection d'une autre espèce de lunettes terrestres, composées aussi de 5 verres.

Cette espèce de lunettes répréſente les objets auſſi débout, comme celle de l'article précédent, & n'en diffère que par un autre arrangement des verres oculaires, dont le ſecond eſt encore placé dévant le foyer de l'objectif à une diſtance que nous marquerons dans les dévis ſuivans. Or pour placer le troiſième verre, on mettra au lieu de l'objectif un objet quelconque, & on obſervera dans une chambre noire l'image répréſentée par le ſecond verre, & ce ſera l'endroit ou l'on doit fixer le troiſième verre. Ce verre rend un ſervice très conſidérable dans la conſtruction de ces ſortes de lunettes: vû qu'il ne démande qu'une ouverture extrèmement petite, ſans que le champ apparent en ſouffre la moindre diminution; il tiendra donc auſſi lieu d'un diaphragme qui exclud entièrement tous les rayons étrangers, ce qui coutribüe très conſidérablement à rendre la répréſentation d'autant plus diſtincte.

Pour faciliter le calcul que le developpement de cette espèce de lunettes démande, nous sommes obligés de regler nos devis sur d'autres grossissemens que jusqu'ici, en les exprimant par des nombres quarrés.

Premier Dévis.

De deux lunettes qui grossissent 16 & 36 fois en diamètre.

Tab. II. Fig. 7.

	Grossissement.	
	16	36
I. Nôtre objectif composé de trois lentilles, dont la première & la troisième de Cr. & la seconde de Fl. aura sa distance focale de - -	4, 00	9, 00
Et le diamètre de son ouverture de	0, 64	1, 44
Voici la disposition des lentilles:		
1°. La première de Cr. & convexe aura sa distance focale de - -	1, 78	4, 01
Et le rayon de sa face		
de { devant de - - -	2, 23	6, 07
de { derrière de - - -	1, 58	3, 27
2°. Du milieu de celle-ci au milieu de la suivante la distance sera de - - - -	0, 09	0, 20
3°. La seconde de Fl. & également concave aura sa distance focale de - - - -	1, 09	2, 45

Et

	Grossissement.	
	16	36
Et le rayon de l'une & de l'autre face de - - -	1, 26	2, 84
4°. La distance entre le milieu de cette lentille & de la suivante de	0, 09	0, 20
5°. La distance focale de la troisième lentille de - - -	1, 76	3, 96
Et le rayon de ses deux faces de	1, 87	4, 29
II. La distance de l'objectif au second verre de - - - -	3, 23	7, 85
Ou bien on mettra le second verre dévant le foyer de l'objectif à la distance de - - - - -	0, 77	1, 15
III. Le second verre de Cr. aura sa distance de foyer de - -	0, 66	1, 15
On le fera convexo-plane, le rayon de sa face de dévant étant de - - - - - -	0, 35	0, 61
Et le diamètre de son ouverture de	0, 29	0, 37
IV. La distance du second verre au troisième de - - - -	0, 83	1, 34
V. Le troisième verre de Cr. aura sa distance focale de - -	0, 36	0, 57
On fera ce verre également convexe, le rayon de chaque face étant de -	0, 38	0, 60
Et le diamètre de son ouverture de	0, 16	0, 24
VI. La distance du troisième verre au quatrième de - - -	1, 61	2, 49

	Grossissement.	
	16	36
VII. Le quatrième verre de Cr. également convexe aura sa distance focale de - - - - - -	0, 64	0, 71
Et le rayon des deux faces de -	0, 68	0, 75
Le diamètre de son ouverture étant de - - - - - - -	0, 32	0, 36
C'est à dire aussi grande qu'il puisse la souffrir, ce qu'on doit entendre de tous les oculaires.		
VIII. La distance du quatrième verre au cinquième de - -	0, 25	0, 26
IX. Le cinquième verre de Cr. également convexe aura sa distance focale de - - - - - -	0, 50	0, 52
Et le rayon de ses faces de - -	0, 53	0, 55
X. La distance de ce verre à l'oeil de - - - - - - -	0, 31	0, 30
XI. Le diamètre du champ apparent de - - - - - -	2°, 52′	1°, 22′
XII. La longueur de la lunette de - - - -	6, 50	12, 84

Second Dévis.

De deux autres lunettes qui grossissent 64 & 100 fois en diamètre.

	Grossissement. 64	100
I. L'objectif composé de trois lentilles, aura donc ici sa distance de foyer de - - - - - -	16, 00	25, 00
Et le diamètre de son ouverture de	2, 56	4, 00
Voici sa Construction:		
1°. La première lentille de Cr. & convexe aura sa distance focale de - - - - -	7, 13	11, 14
Et le rayon de la face		
de { dévant de - - -	11, 60	18, 84
de { derrière de - -	5, 61	8, 61
2°. Du milieu de celle-ci au milieu de la suivante la distance sera de - - - -	0, 36	0, 57
3°. La seconde de Fl. & également concave des deux côtés aura sa distance focale de - -	4, 35	6, 80
Et le rayon de l'une & de l'autre face de - - -	5, 04	7, 88
4°. La distance de cette lentille à la troisième de - -	0, 36	0, 57
5°. La troisième de Cr. & convexe également, aura sa distance focale de - - - -	7, 05	11, 01

Et

	Grossissement.	
	64	100
Et le rayon de ses deux faces de - - - - - -	7, 47	11, 67
II. La distance de l'objectif au second verre de - - -	14, 47	23, 09
Ou bien on mettra le second dévant le foyer de l'objectif à la distance de -	1, 53	1, 92
III. Le second verre de Cr. aura sa distance focale de - -	1, 65	2, 15
On le fera convexo-plane, le rayon de la face de dévant étant de -	0, 87	1, 14
Et le diamètre de son ouverture de	0, 45	0, 51
IV. La distance du second verre au troisième de - - -	1, 85	2, 37
V. Le troisième verre de Cr. aura sa distance focale de - -	0, 79	1, 01
Et le rayon de l'une & de l'autre face de - - - - - -	0, 83	1, 07
Le diamètre de son ouverture étant de - - - - - -	0, 32	0, 40
VI. La distance du troisième verre au quatrième de - - -	3, 38	4, 26
VII. Le quatrième verre de Cr. & également convexe, aura sa distance focale de - - -	0, 75	0, 77
Et le rayon des deux faces de -	0, 79	0, 82
Le diamètre de son ouverture étant de - - - - -	0, 37	0, 38

VIII.

	Grossissement.	
	64	100
VIII. La distance du quatrième verre au cinquième sera de - -	0, 27	0, 27
IX. Le cinquième verre de Cr. également convexe, aura sa distance de foyer de - - - -	0, 54	0, 54
Et le rayon de ses faces de - -	0, 57	0, 57
X. La distance de ce verre à l'oeil de - - - - -	0, 30	0, 30
XI. Le diamètre du champ apparent de - - - - -	48′	31′
XII. La longueur de la lunette de	21, 35	32, 00

Troisième Dévis.

De deux lunettes qui grossissent 144 & 196 fois en diamètre.

	Grossissement.	
	144	196
I. L'objectif aura donc ici sa distance focale de - - - - -	36, 00	49, 00
Et le diamètre de son ouverture de	5, 76	7, 84
Voici la Construction de ses lentilles:		
1°. La première lentille de Cr. & convexe, aura sa distance focale de - - - - -	16, 04	21, 83
Et le rayon de sa face		
de { dévant de - - -	27, 78	39, 21
de { derrière de - - -	12, 25	16, 86

2°. Du

	Grossissement.	
	144	196
2°. Du milieu de celle-ci au milieu de la seconde la distance sera de - - - -	0, 81	1, 13
3°. La seconde lentille de Fl. & également concave aura sa distance focale de - - - -	9, 79	13, 57
Et le rayon de ses faces de -	11, 35	15, 75
4°. La distance de cette lentille à la troisième de - - -	0, 81	1, 13
5°. La troisième de Cr. & également convexe aura sa distance focale de - - - -	15, 85	21, 99
Et le rayon de ses faces de -	16, 80	23, 31
II. La distance de l'objectif au second verre de - - - - -	33, 70	46, 31
Ou l'on le mettra dévant le foyer de l'objectif à la distance de - -	2, 30	2, 69
III. Le second verre de Cr. & convexo-plane aura sa distance focale de - - - - - -	2, 66	3, 16
Et le rayon de la face de dévant de	1, 41	1, 68
Le diamètre de son ouverture de -	0, 58	0, 65
IV. La distance du second verre au troisième de - - - -	2, 88	3, 39
V. Le troisième verre de Cr. aura sa distance focale de - -	1, 23	1, 45

Et

	Grossissement.	
	144	196
Et le rayon de l'une & de l'autre face de - - - -	1, 30	1, 54
Le diamètre de l'ouverture de -	0, 48	0, 56
VI. La distance de ce verre au quatrième de - - - -	5, 14	6, 02
VII. Le quatrième verre de Cr. aura sa distance focale de - -	0, 79	0, 80
On le fera également convexe, le rayon de chacune de ses faces étant de - - - - - -	0, 84	0, 85
Et le diamètre de l'ouverture de -	0, 39	0, 40
VIII. La distance de ce verre au cinquième de - - - - -	0, 27	0, 28
IX. Le cinquième verre de Cr. également convexe aura sa distance focale de - - - - -	0, 54	0, 56
Et le rayon des deux faces de -	0, 57	0, 59
X. La distance de ce verre à l'oeil de - - - - - -	0, 30	0, 29
XI. Le diamètre du champ apparent de - - - - - -	22'	16'
XII. La longueur de la lunette de - - - - - - -	44, 72	59, 68.

 Qua-

Quatrième Dévis.

De deux lunettes qui grossissent 256 & 324 fois en diamètre.

	Grossissement. 256	324
I. L'objectif aura ici sa distance focale de - - - - -	64, 00	81, 00
Et le diamètre de son ouverture de	10, 24	12, 96
Voici sa Construction		
1°. La première de ses lentilles de Cr. & convexe, aura sa distance focale de - - - -	28, 51	36, 08
Et le rayon de sa face		
de { dévant de - - - -	50, 76	64, 80
de { derrière de - - -	21, 51	27, 12
2°. Du milieu de celle-ci, au milieu de la suivante la distance sera de - - - - -	1, 45	1, 83
3°. La seconde lentille de Fl. & également concave, aura sa distance focale de - - -	17, 40	22, 12
Et le rayon de ses faces de -	20, 18	25, 54
4°. La distance entre le milieu de cette lentille & celui de la suivante sera de - - -	1, 45	1, 83
5°. La troisième de Cr. & également convexe, aura sa distance focale de - - - -	28, 18	35, 67

Et

	Grossissement.	
	256	324
Et le rayon de l'une & de l'autre face de - - -	29, 88	37, 81
II. La distance de l'objectif au second verre de - - - -	60, 94	77, 55
Ou bien on mettra le second verre dévant le foyer de l'objectif à la distance de - - - - -	3, 07	3, 45
III. Le second verre de Cr. aura sa distance focale de - -	3, 67	4, 18
On fera ce verre convexo-plane, le rayon de sa face de dévant étant de	1, 94	2, 21
Et le diamètre de son ouverture de	0, 71	0, 77
IV. La distance du second verre au troisième de - - -	3, 90	4, 41
V. La distance focale du troisième qui est de Cr. de - - -	1, 67	1, 89
On le fera également convexe, le rayon de sa face de dévant étant de	1, 77	2, 00
Et le diamètre de son ouverture de - - - - - - -	0, 64	0, 72
VI. La distance du troisième verre au quatrième de - - - -	6, 89	7, 77
VII. Le quatrième verre de Cr. également convexe, aura sa distance focale de - - - -	0, 81	0, 82
Le rayon des deux faces de - -	0, 86	0, 87
Et le diamètre de son ouverture de	0, 40	0, 41

	Grossissement.	
	256	324
VIII. La distance du quatrième verre au cinquième de - -	0, 28	0, 28
IX. Le cinquième verre de Cr. aura sa distance focale de - -	0, 56	0, 56
Et le rayon de l'une & de l'autre face de - - - -	0, 59	0, 59
X. La distance de ce verre à l'oeil de - - - - - - -	0, 29	0, 29
XI. Le diamètre du champ apparent de - - - - -	12½'	10'
XII. La longueur de la lunette de - - - - - -	76, 65	95, 79

Les ouvertures que nous avons assignées ici au second & au troisième verre, ne servent qu'à répandre le même dégré de clarté partout le champ apparent, & partant, puisque cette circonstance est fort peu importante; rien n'étant plus aisé, que de porter les objets successivement vers le milieu du champ, où la clarté sera toujours très considérable, on pourra réduire l'ouverture du second verre jusqu'à la moitié, sans que le champ apparent en souffre la moindre diminution. Or pour le troisième verre, qui ne contribüe rien du tout à l'augmentation du champ apparent: on en pourra diminüer l'ouverture bien au de là de la moitié & même presqu'à rien, ce qui procurera le grand avantage ge que tous les rayons étrangers seront écartés, de sorte, que cette lentille puisse être régardée comme le plus propre diaphragme destiné à ce but. Mais les deux derniers verres produisent par leur ouverture tout le champ apparent que nous avons indiqué dans ces dévis : & partant ces verres doivent toujours être également convexes des deux côtés, pour reçevoir la plus grande ouverture, dont le diamètre pourra bien être mis à la moitié de la distance focale de chacun. Au reste comme ces deux derniers verres ensemble tiennent lieu de l'oculaire, il est bon de les enchasser dans un petit étuis mobile, pour qu'on les puisse ajuster à la constitution de chaque oeil.

Par rapport à la circonstance mentionnée du troisième verre: il semble que cette espèce de lunettes merite quelque préférence sur celle de l'article précédent, par ce que que le champ apparent se trouve ici très considérablement plus grand, & que les lunettes deviennent aussi un peu plus courtes que celles de l'espèce précédente. Mais il faut aussi avouer que l'exécution de cette dernière espèce est plus délicate, & démande beaucoup plus d'adresse, à cause du troisième verre, dont la confusion dévient bien plus considerable que dans les articles précédens, laquelle doit par conséquent être détruite par le verre objectif; & on s'aperçoivra aisément, que la construction de la première lentille suppose ici une tout autre proportion qu'auparavant.

Donc

Donc puisque toutes les lunettes dont on s'est servi jusqu'ici peuvent être rapportées à quelqu'une des espèces que nous venons de porter au plus haut dégré de perfection, dont elles sont susceptibles ; il semble qu'on ne puisse plus rien désirer sur cette importante branche de la dioptrique. Tout dépendra d'une heureuse exécution de toutes les mésures que nous venons de préscrire.

SUPPLE-

SUPPLÉMENT.

Après avoir achévé ces déterminations, nous venons d'apprendre par le dernier volume des Mémoires de l'Academie Royale des Sciences de Paris, qu'il y a une certaine espèce de *Flint-Glass* dont la réfraction se trouve en raison de 160 à 100 & la dispersion par rapport au *Crown-Glass* comme 309 à 178; donc puisque ce rapport est beaucoup plus fort que celui que nous avons supposé dans nos calculs: on gagnera toujours très considérablement en emploïant des objectifs composés de cette espèce de verre, au lieu de ceux dont nous nous sommes servis ci-dessus. Pour cet effet nous ajoûterons ici la construction d'un tel objectif, pour la distance focale marquée par 1000, qui ne causera aucune confusion. En voici la description: cet objectif sera composé de trois lentilles dont la première & troisième de Cr. & la seconde de cette nouvelle espèce de Fl.

1°. La première lentille de Cr. & convexe aura sa distance de foyer de 749.
Et le rayon de sa face
de { dévant de 574.
derrière de 1289.

 2°. L'e-

2°. L'espâce entre le milieu de celle-ci & le milieu de la seconde sera de 38.

3°. La seconde lentille de Fl. & également concave aura sa distance focale de 457.

Et le rayon de l'une & de l'autre face de 549.

4°. L'espâce entre les milieux de ces deux lentilles de 38.

5°. La troisième lentille de Cr. & également convexe des deux côtés aura sa distance focale de 569.

Et le rayon de l'une & de l'autre face de 603.

Cet objectif pourroit bien souffrir une ouverture dont le diamètre seroit de 274; mais si l'on en vouloit profiter pour raccourçir d'avantage les lunettes, cela demanderoit des calculs particuliers; cependant celles, que nous avons données dans les articles précédens sont déjà asses courtes, de sorte qu'on n'aura pas besoin de récourir à ces nouveaux objectifs.

ART. VII.

ARTICLE VII.

De la perfection des microſcopes.

Les meilleurs microſcopes qu'on a conſtruit jusqu'ici ſont encore ſujets à des ſi grands défauts, qu'on a lieu d'être ſurpris, que les plus habiles Artiſtes n'ont pas encore réüſſi à les en délivrer, pendant qu'ils ont travaillé avec tant de ſuccès à la perfection les lunettes. D'abord on rémarque en général dans tous les microſcopes ce grand défaut: qu'ils répréſentent les objets avec beaucoup moins de netteté & diſtinction que les lunettes, qui ſeroient entièrement réjettées, ſi l'on y rémarquoit un ſi quand dégré de confuſion, qu'on eſt quâſi déjà accoûtumé de ſoufrir dans les microſcopes; & en effet, on doit convenir, que, plus on augmente le groſſiſſement des microſcopes, plus auſſi la confuſion en eſt augmentée, au point qu'on n'y ſauroit prèsque plus rien diſtinguer. Les deux ſources de toute confuſion, dont l'une eſt l'ouverture de la lentille, & l'autre la différente réfraction des rayons, concoûrent également à rendre enfin inſupportable la confuſion dont les microſcopes répréſentant les objets. Le plus ſûr moyen de diminuer cette confuſion, ſe-

roit

roit ſans doute de rétreçir l'ouverture de l'objectif; mais alors on perdroit autant ſur la clarté, qui eſt déjà ordinairement ſi petite dans les grands groſſiſſemens, qu'il eſt prèsqu' impoſſible, de diſtinguer les différentes parties des objets qu'on veut examiner.

Enſuite c'eſt auſſi un très grand inconvénient de tous les microſcopes, ſur tout des ſimples, qu'on eſt obligé d'y approcher au tant les objets pour les mettre au foyer de l'objectif, par ce que, dès qu'il s'y trouve la moindre inégalité, il eſt abſolument impoſſible, d'y réconnoitre les points qui ſont tant ſoit peu éloignés du foyer.

Le plus ſûr moyen de rémédier à tous ces défauts, ſera ſans doute tout comme dans les lunettes: d'y emploïer des objectifs composés de différentes eſpèces de verre, & pour cet effet le dernier objectif où nous avons introduit la nouvelle eſpèce de *Flint-Glaſſ*, qui produit une plus grande disperſion des rayons, nous fournit un moyen très propre, à porter auſſi les microſcopes au plus haut dégré de perfection: vû qu'il ſera aiſé à un habil Artiſte d'exécuter un tel objectif, qui n'auroit qu'un demi-pouce de foyer, & qui pourroit réçevoir une ouverture, de la huitième partie d'un pouce en diamètre: ce qui fournira pour tous les differens groſſiſſemens un dégré ſuffiſant de clarté. Mais puisqu'un tel objectif ne cauſera aucune confuſion,

ni

ni de la part de l'ouverture, ni de la différente réfraction des rayons: le plus grand avantage sera sans doute, qu'on pourra voir tous les objets avec la plus grande netteté & distinction: ce qui mettra les Physiciens en état de porter les observations microscopiques au plus haut dégré de perfection.

Pour façiliter d'autant plus tant l'exécution que l'usage d'un tel microscope, nous donnerons ici la déscription d'un, qui ne contient que deux oculaires, qui pourront même servir à produire tous les grossissemens dépuis le plus petit jusqu'au plus grand, sans qu'on ait besoin de changer rien ni à l'objectif, ni aux deux oculaires, ni au lieu de l'objet qui doit toujours être mis à la distance d'un demi pouce dévant l'objectif. La seule variation régarde uniquement la distance entre l'objectif & le premier oculaire, qui sera augmentée d'autant plus, plus on veut grossir les objets. En voici d'abord:

La déscription de l'objectif.

I. L'objectif sera composé de trois lentilles, dont la première & troisième sont faites de *Crown-Glass* & la seconde de cette espèce de *Flint-Glass* dont la réfraction se fait selon la proportion de 160 à 100, ensorte que la distance de foyer de l'objectif entier soit d'un demi pouce, & qu'il puisse récevoir une ouverture dont le diamètre est ⅕ de pouce. Pour cet effet les trois lentilles dont cet objectif sera composé répréſenteront des petits disques dont le diamètre sera à peu près $\frac{8}{7}$ de pouce, & on les sera aussi minces que leur figure le permettra. Pour la figure de chacune, nous donnerons ici les mésures exprimées en millièmes parties du pouce.

II. La première de ces trois lentilles qui est tournée vers l'objectif, doit être de *Crown-Glass*, également convexe des deux côtés, ensorte que sa distance focale soit de 0, 284, & partant le rayon de chacune de ses faces de 0, 301.

III. La seconde lentille de *Flint-Glass* sera également concave de ses deux côtés, ayant son foyer à la distance de 0, 229, & partant le rayon de ses deux faces égales de 0, 274.

IV. La troisième lentille de *Crown-Glass* doit être également convexe de ses deux côtés, en sorte, que sa distance de foyer soit de 0, 375; or on donnera au rayon de sa face

de { dévant 0, 644 pouces.
derrière 0, 287 pouces.

V. On joindra ces trois lentilles de sorte ensemble, que la distance entre le milieu de la seconde lentille & celui de la première ou troisième ne soit que de 0, 019; d'où l'épaisseur de l'objectif entier sera à peu près de 0, 057.

VI. On

VI. On plaçera toujours l'objet qu'on veut examiner à la distance d'un demi-pouce dévant cet objectif, d'où l'on n'aura aucun lieu de craindre, que la trop grande proximité de l'objet y causera le moindre inconvénient; on verra au contraire toutes les differentes parties de l'objet à peu près sous le même dégré de distinction.

Déscription des deux oculaires.

VII. Il sera bon de former l'un & l'autre de ces deux verres de *Flint-Glass*, à fin qu'ils admettent une plus grande ouverture, ce qui contribuëra beaucoup à augmenter le champ apparent, en faisant l'un & l'autre de ces deux verres également convexes des deux côtés.

VIII. Le premier de ces oculaires qui regarde l'objectif, doit avoir sa distance focale d'un pouce, & partant le rayon de chaque face de 1, 200 d'où le diamètre de son ouverture pourra bien être de 0, 600.

IX. Le second oculaire tourné vers l'oeil, aura sa distance focale de 0, 333 & le rayon de chaque face de 0, 400 d'où le diamètre de l'ouverture pourra être de 0, 200.

X. Derrière ce verre on plaçera l'oeil à la distance de 0, 167.

XI. La

XI. La distance entre ces deux verres oculaires sera toujours à peu près ¾ de pouce, puisque selon la nature de l'oeil le dernier oculaire doit être tantôt approché, tantôt éloigné du premier; ce qui se pratiquera le plus commodement par le moyen d'une vis.

Ayant fait ces trois verres, le grossissement dépendra uniquement de la distance qu'on mettra entre l'objectif & le premier oculaire, à laquelle le grossissement est toujours proportionel. Mais il faut bien rémarquer que plus on augmente le grossissement, plus aussi la clarté dont on verra l'objet sera diminüée, de même que la portion de l'objet qu'on découvrira à la fois.

Pour ce qui régarde le dégré de clarté: il sera bon d'observer, que, tant que le grossissement est au dessous de 20, les objets paroîtront avec leur clarté naturelle, tout comme si on les régardoit des yeux nuds; nous marquerons ce dégré de clarté naturelle par l'unité, & nous exprimerons dans la table qui suit, pour chaque grossissement le dégré de clarté dont on verra les objets, en exprimant ces dégrés en milliémes parties de l'unité.

Dans cette même table nous marquerons aussi le diamètre de la portion de l'objet qu'on découvrira à la fois dans chaque grossissement.

On

Or pour juger du grossissement, nous le rapporterons comme on est accoûtumé à la distance de huit pouces, de sorte, que les nombres marqués pour le grossissement, indiqueront toujours combien de fois chaque objet sera vû plus grand par le microscope, que si on le régardoit à la vuë simple à la distance de huit pouces.

Cela rémarqué: la première colonne de la table suivante marquera les grossissemens, la seconde la distance entre l'objectif & le premier oculaire, la troisième indiquera le dégré de clarté, & la quatrième enfin le diamètre de la portion de l'objet vuë par le microscope. Voici cette table:

Grossissement.	Distance entre l'objectif et le premier oculaire.	Dégré de clarté.	Diamètre de la portion apparente.
25	0, 781	0, 800	0, 115
50	1, 562	0, 400	0, 064
100	3, 125	0, 200	0, 035
150	4, 687	0, 133	0, 025
200	6, 250	0, 100	0, 019
250	7, 812	0, 080	0, 015
300	9. 375	0, 066	0, 013
350	10, 937	0, 057	0, 011
400	12, 500	0, 050	0, 010
450	14, 062	0, 044	0, 009
500	15, 625	0, 040	0, 008
600	18, 750	0, 033	0, 007
700	21, 875	0, 029	0, 006
800	25, 000	0, 025	0, 005
900	28, 125	0, 022	0, 004
1000	31, 250	0, 020	0, 004
1200	37, 500	0, 016	0, 003
1400	43, 750	0, 014	0, 003
1600	50, 000	0, 013	0, 003
1800	56, 250	0, 011	0, 002
2000	62, 500	0, 010	0, 002
2500	78, 125	0, 008	0, 002
3000	93, 750	0, 007	0, 001

A l'é-

A l'égard du dégré de clarté, il faut encore obſerver, que la clarté n'eſt pas tant proportionelle au nombre même que nous avons indiqué dans la table ci-deſſus, que plutôt au quarré de ce nombre; de ſorte que la clarté décroit beaucoup plus que cette table ne le marque; ainſi ſi l'on veut groſſir mille fois, le dégré de clarté n'eſt pas $\frac{1}{10}$ de la clarté naturelle mais ſeulement $\frac{1}{3500}$. Or ce dégré eſt encore aſſés conſiderable, en le comparant avec la clarté de la pleine lune, qu'on ne ſauroit eſtimer qu'à $\frac{1}{350000}$ de celle du ſoleil; d'où l'on voit, que nôtre dégré de clarté qui répond au groſſiſſement 1000 eſt encore dix fois plus grand que la clarté de la pleine lune: ce qui pourra ſuffire pour la plûpart des objets qu'on veut examiner.

Cependant quand on voudroit pouſſer plus loin le groſſiſſement, on devroit éclairer les objets, tout comme on fait en ſe ſervant des microſcopes ordinaires; mais il ne ſera pas neceſſaire d'aller plus loin, car il eſt très probable, qu'un groſſiſſement de trois à quatre cens fois, qui répréſente les objets diſtinctément, découvrira beaucoup plus que les microſcopes ordinaires qui groſſiſſent quelque mille fois.

www.ingramcontent.com/pod-product-compliance
Ingram Content Group UK Ltd.
Pitfield, Milton Keynes, MK11 3LW, UK
UKHW020402230726
13925UKWH00003B/1229

9 782013 552790